ANIMALES SUPERINTELIGENTES

BLACK RABBIT BOOKS

JOANNE MATTERN

ÍNDICE

1

El pulpo

Puede que un pulpo no parezca inteligente. Pero esta criatura marina tiene el cerebro más grande de todos los invertebrados. Este gran cerebro ayuda al pulpo a mantenerse con vida. Un pulpo aprende a esconderse de los depredadores. Sabe cómo utilizar herramientas para construirse refugios.

Los científicos han descubierto que un pulpo puede resolver rompecabezas y laberintos. Un pulpo también es un gran escapista. Son lo suficientemente inteligentes como para escaparse de sus peceras en los acuarios.

¿Sabías que…?
Los pulpos suelen jugar a atrapar objetos en el agua.

2

El orangután

Los orangutanes son primates. Los simios, los monos y las personas también son primates. Los primates tienen cerebros grandes. Son criaturas inteligentes.

Los orangutanes son unos de los primates más inteligentes. Estos animales son muy buenos usando herramientas. Usan palos para pescar. Usan rocas para aplastar nueces e insectos.

Los orangutanes jóvenes permanecen con sus madres durante seis o siete años. Sus madres les enseñan cómo vivir. Los orangutanes jóvenes tienen mucho que aprender. ¡Es bueno que sean tan inteligentes!

¿Sabías que...?
Los orangutanes pueden resolver rompecabezas. ¡Incluso pueden usar pantallas táctiles en computadoras!

3

El delfín nariz de botella

Los delfines nariz de botella son animales marinos inteligentes. Algunos científicos creen que los delfines podrían ser el segundo animal más inteligente de la Tierra. El ser humano es el más inteligente.

Los delfines y los seres humanos parecen muy diferentes. Pero en algunos aspectos son parecidos. Los delfines pueden "hablar" entre sí. Pero en lugar de palabras, utilizan silbidos y chasquidos. También mueven la cabeza y las aletas para hablar con otros delfines.

Piensa en esto

¿Tiene sentido comparar la inteligencia de los delfines y la de los seres humanos? ¿Por qué sí o por qué no?

La rata

4

Los científicos pasan mucho tiempo con ratas. ¡Eso se debe a que las ratas son superinteligentes!

Las ratas tienen una gran memoria. Pueden recordar caras y olores. También recuerdan cosas que han hecho en el pasado.

Los científicos estudian a las ratas. Descubrieron cómo las ratas recuerdan patrones. Los científicos esperan que observar ratas pueda ayudar a las personas. También puede ayudarnos a entender cómo funciona el cerebro de una persona.

Piensa en esto

¿Cómo puede el estudio de ratas y otros animales ayudar a las personas a aprender sobre sí mismas?

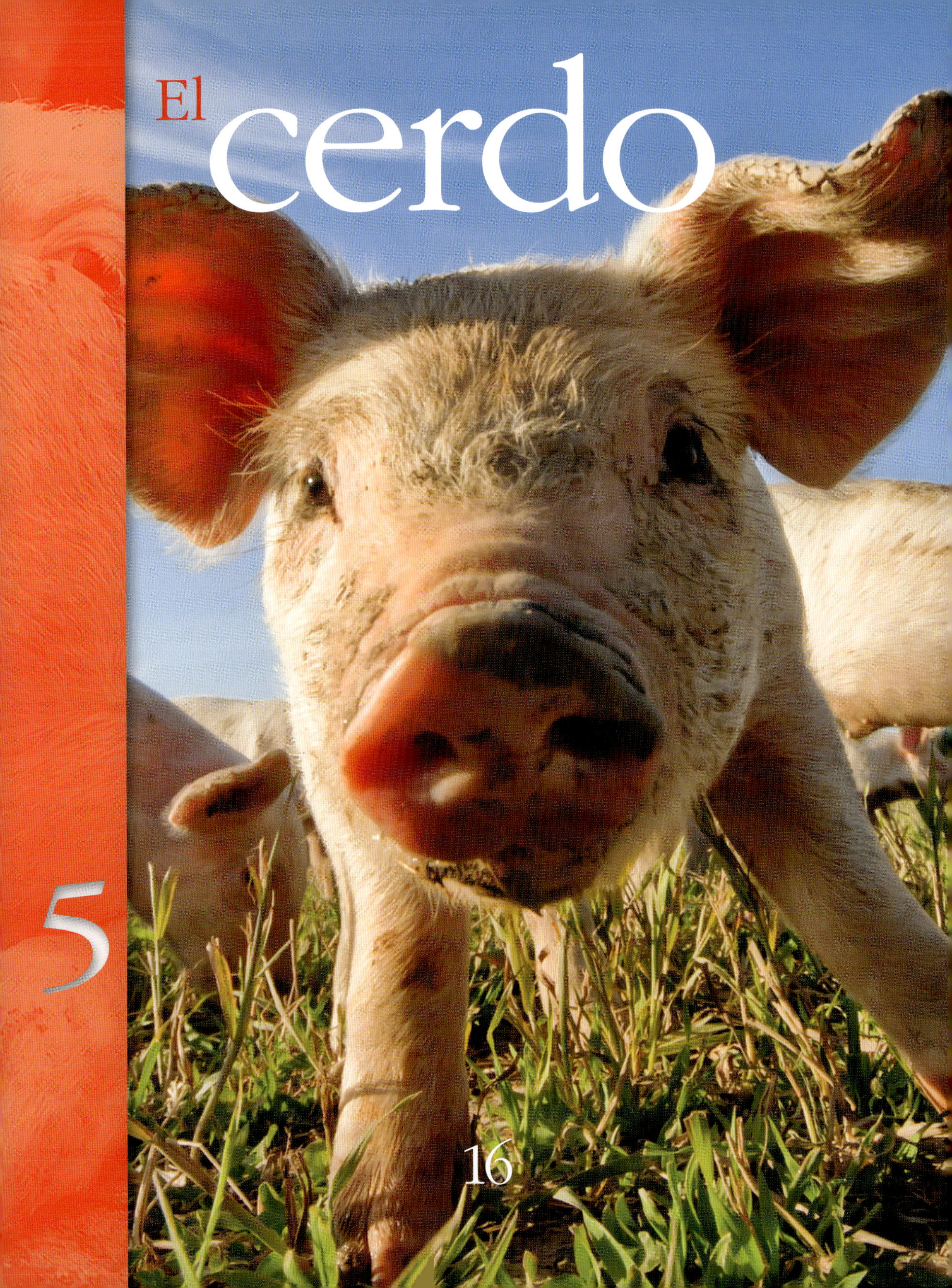
El
cerdo
5

Un cerdo puede hacer mucho más que tumbarse en el barro. Los científicos creen que los cerdos son los animales **domésticos** más inteligentes. Son incluso más inteligentes que los perros.

Los cerdos tienen una gran memoria. Pueden resolver problemas. Un cerdo incluso aprende observando a otro cerdo resolver un problema. Los cerdos también recuerdan a las personas y los lugares. Algunos científicos también creen que pueden saber la hora.

¿Sabías que…?

Los cerdos viven en grupos grandes. Se cuidan unos a otros. Se ayudan entre sí. Esa es otra señal de que son inteligentes.

El cuervo

6

Hay un viejo cuento que describe cómo un cuervo obtiene agua dejando caer pequeñas piedras en un cántaro. Es más que un cuento. Los cuervos son lo suficientemente inteligentes como para resolver muchos problemas.

Los científicos obsevan cómo los cuervos descubren la forma de sacar agua de un tubo. Los cuervos arrojan piedras en el tubo para hacer que el agua suba. Entonces, los cuervos sorprendieron a los científicos. Los pájaros descubrieron que dejando caer piedras en un tubo se elevaba el nivel del agua en otro tubo. Esto es algo que ni siquiera los niños de cuatro a seis años pueden entender.

¿Sabías que…?
Los cuervos son muy buenos usando herramientas. Doblan palos para atrapar insectos.

MÁS PARA EXPLORAR

¿EN QUÉ PARTE DEL MUNDO?

PACIFIC OCEAN

AMÉRICA DEL NORTE

ATLANTIC OCEAN

EUROPA

ASIA

PACIFIC OCEAN

ÁFRICA

AMÉRICA DEL SUR

INDIAN OCEAN

AUSTRALIA

PULPOS
Todos los océanos

ORANGUTANES
Sudeste asiático

DELFINES NARIZ DE BOTELLA
Todos los océanos

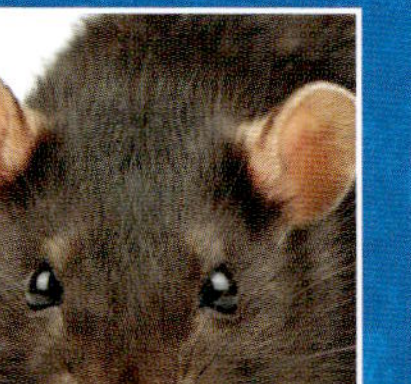

RATAS
Todos los continentes excepto la Antártida

CERDOS
Todos los continentes excepto la Antártida

CUERVOS
Todos los continentes excepto América del Sur y la Antártida

MÁS PARA EXPLORAR

DATOS FANTÁSTICOS

Un pulpo expulsa un líquido azul oscuro para escapar de los depredadores.

Un orangután llamado Rocky aprendió a copiar el habla humana.

Los delfines se reconocen en el espejo. La mayoría de los demás animales no lo hacen.

Las ratas son buenas mascotas. Son fáciles de entrenar y les encanta aprender trucos nuevos.

Los cerdos pueden aprender a jugar videojuegos.

Los cuervos pueden recordar las caras de las personas. Se avisan cuando ven a alguien que no les gusta.

MÁS PARA EXPLORAR

COMPARACIONES INTERESANTES

¿Qué cosas superinteligentes han hecho los animales de este libro?

Pulpo

Orangután

Delfín nariz de botella

Rata

Cerdo

Cuervo

• Escapar de tanques y jaulas • Resolver rompecabezas • Resolver problemas • Utilizar herramientas • Jugar a atrapar • Aprender patrones • Cuidarse unos a otros • Comunicarse • Tener buena memoria

MÁS PARA EXPLORAR

RECURSOS

Glosario

acuario Un edificio que la gente puede visitar para observar la vida marina.

depredador Un animal que come a otros animales.

doméstico Domesticado o que vive con seres humanos o cerca de ellos.

invertebrado Un tipo de animal que no tiene columna vertebral.

memoria El poder de recordar lo que se ha aprendido.

patrón La forma regular y repetida en que algo sucede o se hace.

primate Cualquier miembro del grupo de animales que incluye a los humanos, los simios y los monos.

Índice alfabético

TOP RANK es publicado por Black Rabbit Books, P.O. Box 227, Mankato, MN, 56002. • Top Rank un sello de Black Rabbit Books • Editado de Alissa Thielges • Diseño de Danny Nanos • Fotografías © Alamy Stock Photo/Howard Chew, 5, 23; Dreamstime/Altitudevs, 9, 21, Jolanta Wojcicka, 4, 21, Musat Christian, cover, Sashasoloshenko91, cover; Getty Images/Redders48, 11, Westend61, 23; Shutterstock/682A IA, 17, Amelia Martin, 20, 23, andregric, 13, 21, Barbara_C, 18, Bart Groundhog, 15, battybattrick, 23, Christian Musat, 10, 21, Henner Damke, 2, 5, LiskaM, 14, lukaszemanphoto, 6–7, RHIMAGE, 17, 23, Rudmer Zwerver, 19, 21, Smeerjewegproducties, 8, 23, talseN, 16, 21, U__Photo, 12 • Impreso en China

Library of Congress Cataloging-in-Publication Data: Names: Mattern, Joanne, 1963- author. | Title: Animales superinteligentes / by Joanne Mattern. | Description: Mankato, MN: Black Rabbit Books, [2025] | Series: Animales superincreíbles | Includes index. | Ages 8–11 | Grades 2–3 | Identifiers: LCCN 2024023494 | ISBN 9781644667545 (library binding) | ISBN 9781644667620 (paperback) | ISBN 9781644667705 (ebook) | Subjects: LCSH: Animal intelligence—Juvenile literature. | Classification: LCC QL785 .M4418 2025 | DDC 591.5/13—dc23/eng/20240613